RAIZ QUADRADA

Dennys Batista Silva

A minha Mãe Adelaide e Meu Pai Rosano

Vocês são a razão da minha existência

Gratidão Deus 🙏

A raiz quadrada é uma operação matemática que consiste em extrair a raiz quadrada de um número. O resultado é um número que, quando multiplicado por si mesmo, dá o número original. Por exemplo, a raiz quadrada de 9 é 3, pois 3 * 3 = 9. A raiz quadrada de um número pode ser representada por um símbolo matemático, o radical ou raiz quadrada √

EXISTEM ALGUMAS CURIOSIDADES INTERESSANTES SOBRE RAIZ QUADRADA.

A raiz quadrada de 2 é um número irracional, o que significa que não pode ser escrito como uma fração de inteiros. Ele tem uma série infinita de dígitos decimais que não se repetem.

A raiz quadrada de um número negativo é chamada de raiz quadrada imaginária. Ela é representada por um número real multiplicado por "i", onde "i" é a unidade imaginária ($i^2 = -1$)

A raiz quadrada pode ser usada para resolver problemas de geometria, como calcular a área de um quadrado ou o comprimento de um lado de um quadrado.

A raiz quadrada é uma operação inversa da potenciação, ou seja, a raiz quadrada de x é o mesmo que x elevado ao expoente ½.

A raiz quadrada de um número inteiro é sempre um número racional, ao contrário de uma raiz quadrada de um número irracional.

A raiz quadrada é usada como uma função matemática básica em várias áreas, incluindo matemática, física, engenharia e estatística.

A raiz quadrada é importante para o mundo por várias razões desde aplicações práticas, como no cálculo de áreas e comprimentos de figuras geométricas, no cálculo de distâncias e no cálculo de volumes, é usada em muitas equações matemáticas e físicas, como na lei da gravidade de Newton, na equação de movimento de um objeto e na equação de onda.

A raiz quadrada é usada em muitos algoritmos, como no cálculo de distâncias euclidianas, no cálculo de distâncias mínimas entre dois pontos e na resolução de sistemas de equações lineares.

Ela é usada em muitos campos, como engenharia, arquitetura, medicina, estatística e muitos outros, e é um elemento importante na análise de dados e no processamento de informações.

Sendo usada em muitas tecnologias, como na resolução de problemas de otimização, na resolução de problemas de programação linear e na inteligência artificial.

Enfim, a raiz quadrada é uma operação matemática fundamental que é aplicada em várias áreas da ciência, tecnologia e engenharia, e é essencial para o desenvolvimento de novas tecnologias e para a solução de problemas práticos em vários campos.

QUEM INVENTOU A RAIZ?

A raiz quadrada é uma operação matemática antiga que tem raízes na matemática babilônica, egípcia e grega antiga. Os antigos matemáticos já usavam a raiz quadrada e outras operações relacionadas a raízes para resolver problemas práticos, como o cálculo de áreas e comprimentos de figuras geométricas.

Os matemáticos babilônicos, por exemplo, já utilizavam a raiz quadrada para encontrar as medidas de áreas e comprimentos de figuras geométricas, como os lados de um quadrado, e desenvolveram técnicas para aproximar as raízes quadradas de números não-quadráticos.

Os matemáticos gregos, como Pitágoras e Euclides, também contribuíram para o desenvolvimento da teoria da raiz quadrada. Euclides, por exemplo, escreveu um tratado intitulado "Elementos" que incluía definições e propriedades de raízes quadradas, além de demonstrações de teoremas relacionados às raízes.

A raiz quadrada é uma operação matemática antiga que foi desenvolvida e aperfeiçoada ao longo da história por vários matemáticos de diferentes civilizações.

A RAIZ QUADRADA MAIS DIFÍCIL DO MUNDO pode variar dependendo do contexto ou da perspectiva. Alguns podem considerar a raiz quadrada de números irracionais, como a raiz quadrada de 2, como sendo a mais difícil de se calcular, devido à natureza infinita e não-periódica de suas casas decimais.

Outros podem considerar a raiz quadrada de números complexos, como a raiz quadrada de um número negativo, como sendo a mais difícil, devido à sua natureza imaginária.

Além disso, existem alguns números com raízes quadradas especialmente difíceis de serem calculadas, como o número de Ramanujan, que é uma solução aproximada para π^2, ou o número de Liouville, que é uma solução aproximada para e^2.

Em geral, a dificuldade de calcular a raiz quadrada de um número depende de sua complexidade e precisão exigida. Alguns números têm raízes quadradas fáceis de serem calculadas, enquanto outros podem ser incrivelmente complexos e exigir métodos avançados de cálculo.

Sem a raiz quadrada, seria impossível calcular distâncias euclidianas, distâncias mínimas entre dois pontos e resolver sistemas de equações lineares. Isso afetaria a compreensão da física, a robótica, a geolocalização e a navegação.

2	x	2	=	√ 4
3	x	3	=	√ 9
4	x	4	=	√ 16
5	x	5	=	√ 25
6	x	6	=	√ 36
7	x	7	=	√ 49
8	x	8	=	√ 64
9	x	9	=	√ 81
10	x	10	=	√ 100
11	x	11	=	√ 121
12	x	12	=	√ 144
13	x	13	=	√ 169
14	x	14	=	√ 196
15	x	15	=	√ 225
16	x	16	=	√ 256
17	x	17	=	√ 289
18	x	18	=	√ 324
19	x	19	=	√ 361
20	x	20	=	√ 400
21	x	21	=	√ 441
22	x	22	=	√ 484
23	x	23	=	√ 529
24	x	24	=	√ 576
25	x	25	=	√ 625
26	x	26	=	√ 676
27	x	27	=	√ 729
28	x	28	=	√ 784
29	x	29	=	√ 841
30	x	30	=	√ 900
31	x	31	=	√ 961
32	x	32	=	√ 1024
33	x	33	=	√ 1089
34	x	34	=	√ 1156
35	x	35	=	√ 1225
36	x	36	=	√ 1296
37	x	37	=	√ 1369
38	x	38	=	√ 1444
39	x	39	=	√ 1521
40	x	40	=	√ 1600
41	x	41	=	√ 1681
42	x	42	=	√ 1764
43	x	43	=	√ 1849

43 x 43 = √ 1849

44 x 44 = √ 1936

45 x 45 = √ 2025

46 x 46 = √ 2116

47 x 47 = √ 2209

48 x 48 = √ 2304

49 x 49 = √ 2401

50 x 50 = √ 2500

51 x 51 = √ 2601

52 x 52 = √ 2704

53 x 53 = √ 2809

54 x 54 = √ 2916

55 x 55 = √ 3025

56 x 56 = √ 3136

57 x 57 = √ 3249

58 x 58 = √ 3364

59 x 59 = √ 3481

60 x 60 = √ 3600

61 x 61 = √ 3721

62 x 62 = √ 3844

63 x 63 = √ 3969

64 x 64 = √ 4096

65 x 65 = √ 4225

66 x 66 = √ 4356

67 x 67 = √ 4489

68 x 68 = √ 4624

69 x 69 = √ 4761

70 x 70 = √ 4900

71 x 71 = √ 5041

72 x 72 = √ 5184

73 x 73 = √ 5329

74 x 74 = √ 5476

75 x 75 = √ 5625

76 x 76 = √ 5776

77 x 77 = √ 5929

78 x 78 = √ 6084

79 x 79 = √ 6241

80 x 80 = √ 6400

81 x 81 = √ 6561

82 x 82 = √ 6724

83 x 83 = √ 6889

84 x 84 = √ 7056

84	x	84	=	√	7056
85	x	85	=	√	7225
86	x	86	=	√	7396
87	x	87	=	√	7569
88	x	88	=	√	7744
89	x	89	=	√	7921
90	x	90	=	√	8100
91	x	91	=	√	8281
92	x	92	=	√	8464
93	x	93	=	√	8649
94	x	94	=	√	8836
95	x	95	=	√	9025
96	x	96	=	√	9216
97	x	97	=	√	9409
98	x	98	=	√	9604
99	x	99	=	√	9801
100	x	100	=	√	10000
101	x	101	=	√	10201
102	x	102	=	√	10404
103	x	103	=	√	10609
104	x	104	=	√	10816
105	x	105	=	√	11025
106	x	106	=	√	11236
107	x	107	=	√	11449
108	x	108	=	√	11664
109	x	109	=	√	11881
110	x	110	=	√	12100
111	x	111	=	√	12321
112	x	112	=	√	12544
113	x	113	=	√	12769
114	x	114	=	√	12996
115	x	115	=	√	13225
116	x	116	=	√	13456
117	x	117	=	√	13689
118	x	118	=	√	13924
119	x	119	=	√	14161
120	x	120	=	√	14400
121	x	121	=	√	14641
122	x	122	=	√	14884
123	x	123	=	√	15129
124	x	124	=	√	15376
125	x	125	=	√	15625

ALGUMAS PIADAS DE RAIZ QUADRADA

Por que a raiz quadrada foi proibida de entrar no parque?

Porque ela sempre estava fazendo raízes!

Qual é o animal favorito da raiz quadrada?
“O raio-x!”

Qual é a piada favorita da raiz quadrada?
"Qual é a diferença entre uma raiz quadrada e um cubo?"

O que a raiz quadrada disse para a raiz cúbica?
"Você é um cubo, eu sou quadrada"

Por que a raiz quadrada foi proibida de entrar na escola?
Porque ela sempre estava fazendo raízes na aula!

O que a raiz quadrada disse para o número pi?
"Você é redondo, eu sou reta!"

Por que a raiz quadrada não gostava do número PI?

“Porque ela não tinha nenhuma raiz com ele!”

Qual é a comida favorita da raiz quadrada?

“O raiz-bolo!”

O que a raiz quadrada disse para a raiz de -1?

"Eu sou real, você é imaginário"

Por que a raiz quadrada foi proibida de jogar xadrez?

Porque ela sempre estava fazendo movimentos ilegais!

A relação entre o expoente e a raiz quadrada é que eles são operações inversas entre si. A raiz quadrada de um número é o inverso da potenciação por 1/2, e a potenciação por 1/2 é o inverso da raiz quadrada.

Por exemplo, se você tem um número x e deseja encontrar sua raiz quadrada, você pode calcular x^(1/2), o que é equivalente a $\sqrt{x}$. E se você tem uma raiz quadrada e deseja encontrar o número original, você pode elevar essa raiz quadrada ao expoente 2, o que é equivalente a $(\sqrt{x})^2 = x$.

Em termos gerais, a relação entre expoente e raiz é que a potenciação eleva um número a uma determinada potência, enquanto a raiz extrai a raiz de determinado expoente do número, e essas operações inversas se completam entre si.

A distância mínima entre dois pontos é comumente calculada usando a fórmula da distância euclidiana, que utiliza a raiz quadrada. Essa fórmula é usada para calcular a distância entre dois pontos em um espaço bidimensional ou tridimensional.

A fórmula é dada por:

$$d = \sqrt{((x2 - x1)^2 + (y2 - y1)^2)}$$

onde d é a distância entre os dois pontos, (x1, y1) e (x2, y2) são as coordenadas dos dois pontos no espaço bidimensional.

Por exemplo, imagine que você tem dois pontos, A (3,4) e B (6,8), e você quer calcular a distância entre eles.

Usando a fórmula do outro lado da página, você pode calcular a distância da seguinte maneira:

$d = \sqrt{((6-3)^2 + (8-4)^2)} =$

$\sqrt{(3^2 + 4^2)} = \sqrt{(9 + 16)} =$

$\sqrt{(25)} = 5$

Então, a distância mínima entre os pontos

A e B

é de 5 unidades.

Isso é apenas um exemplo simples, a fórmula pode ser utilizada em espaços com mais dimensões, como 3D, 4D e assim por diante.

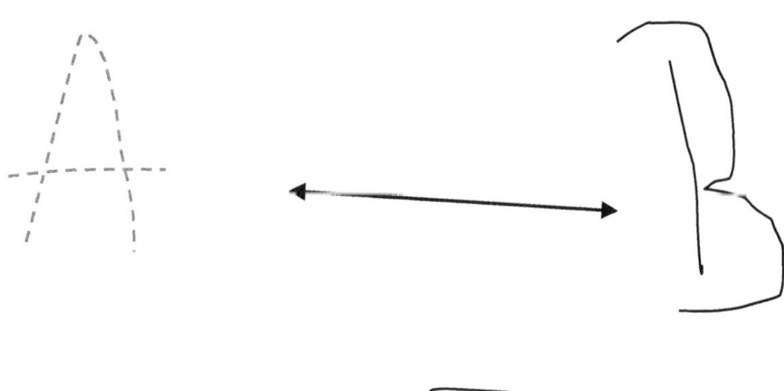

Algumas das operações matemáticas mais comuns que envolvem raiz quadrada incluem:

Resolução de equações de segundo grau: A equação de segundo grau é dada pela fórmula $ax^2+bx+c=0$, e a solução para essa equação é dada pela fórmula $x = (-b \pm \sqrt{(b^2 - 4ac)}) / 2a$, onde $\sqrt{(b^2 - 4ac)}$ é a raiz quadrada da expressão dentro dos parênteses.

Cálculo de áreas: A área de figuras geométricas como quadrados, retângulos e círculos são calculadas usando a raiz quadrada. A área de um círculo é dada pela fórmula πr^2, onde r é o raio e π é aproximadamente 3,14....

Cálculo de distâncias: A distância entre dois pontos é comumente calculada usando a fórmula da distância euclidiana, que utiliza a raiz quadrada. Essa fórmula é dada por d = √((x2 - x1)² + (y2 - y1)²)

Trigonometria: A raiz quadrada é utilizada em algumas equações trigonométricas. Por exemplo, a fórmula cosseno de dois ângulos é dada por **Senθ = Cateto oposto a θ**

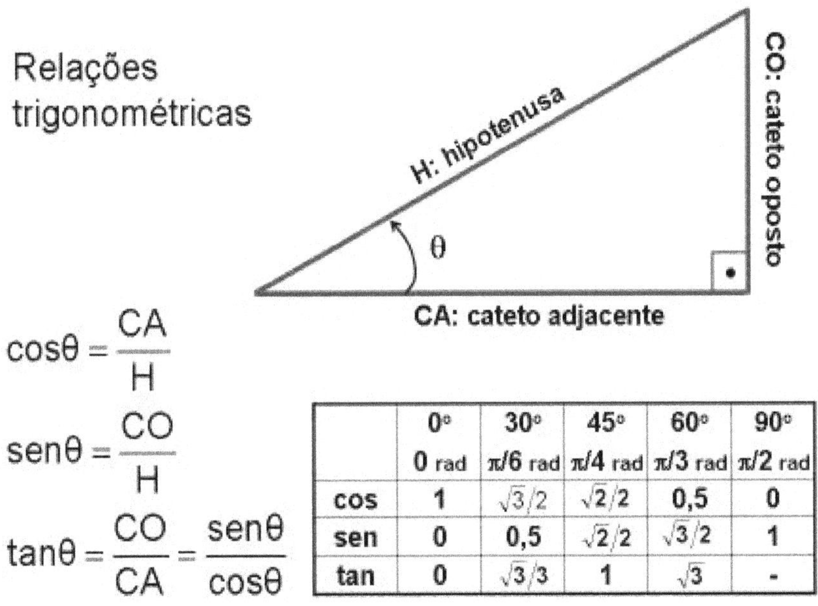

	0° 0 rad	30° π/6 rad	45° π/4 rad	60° π/3 rad	90° π/2 rad
cos	1	$\sqrt{3}/2$	$\sqrt{2}/2$	0,5	0
sen	0	0,5	$\sqrt{2}/2$	$\sqrt{3}/2$	1
tan	0	$\sqrt{3}/3$	1	$\sqrt{3}$	-

A construção de uma casa geralmente envolve vários cálculos matemáticos, incluindo a raiz quadrada. A raiz quadrada é usada para calcular áreas e comprimentos de figuras geométricas, o que é essencial para o projeto e construção de uma casa. Alguns exemplos de como a raiz quadrada é usada na construção de uma casa incluem:

Cálculo de áreas: A área de uma casa é geralmente calculada usando as dimensões das paredes externas. A área de uma sala é dada pela fórmula largura x comprimento, e a área de um quarto é dada pela fórmula largura x comprimento x altura.

Cálculo de comprimentos: A raiz quadrada é usada para calcular o comprimento de uma diagonal, por exemplo, para colocar um painel de madeira no teto, é necessário calcular a diagonal da sala para cortar a madeira.

Cálculo de volumes: A raiz quadrada é usada para calcular o volume de uma casa, por exemplo, para calcular a quantidade de tinta necessária para pintar uma sala, é preciso calcular o volume da sala.

Cálculo de áreas de pisos: A raiz quadrada é usada para calcular a área de um piso, por exemplo, para calcular a quantidade de azulejos ou laminado necessária para cobrir uma área.

Cálculo de áreas de telhados: A raiz quadrada é usada para calcular a área de um telhado, por exemplo, para calcular a quantidade de telhas ou laje necessária para cobrir uma área.

Cálculo de carga estrutural: A raiz quadrada é usada para calcular a carga estrutural, por exemplo, para calcular a quantidade de vigas, colunas e pilares necessários para suportar o peso de uma casa.

Cálculo de espaços de armazenamento: A raiz quadrada é usada para calcular a área de um espaço de armazenamento, por exemplo, para calcular a quantidade de prateleiras ou armários necessários para armazenar itens.

Cálculo de áreas de jardins e paisagismo: A raiz quadrada é usada para calcular a área de jardins e paisagismo, por exemplo, para calcular a quantidade de plantas ou grama necessária para cobrir uma área.

Esses são apenas alguns exemplos de como a raiz quadrada é usada na construção de uma casa, a matemática é uma ferramenta importante para a construção, e a raiz quadrada é uma das operações matemáticas fundamentais usadas para calcular dimensões, áreas e volumes. É importante que sejam feitos cálculos precisos para garantir a segurança e a estrutura da casa.

UMA EQUAÇÃO LINEAR é uma equação matemática na forma

$ax + b = 0$, onde x é a variável desconhecida e a e b são constantes.

Aqui estão alguns exemplos de equações lineares:

(tenta resolver aí)

$$2x + 3 = 0$$

$$x - 5 = 0$$

$$3x + 2 = 7$$

Raiz Quadrada, por Dennys

$4x - 1 = 12$

$-2x + 5 = 10$

$5x - 3 = 15$

$7x + 8 = -2$

$6x - 4 = 8$

$-5x + 3 = -10$

$$2x + 1 = -3$$

Essas equações podem ser resolvidas para encontrar o valor de x.

Por exemplo, na primeira equação ($2x + 3 = 0$), podemos subtrair 3 de ambos os lados para obter $2x = -3$ e, em seguida, dividir ambos os lados por 2 para obter $x = -3/2$. (solução final)

Vale lembrar que existem outras formas de equações lineares como equações no formato $ax + by = c$, essas equações também podem ser resolvidas para encontrar os valores de x e y.

x - 5 = 0

Como resolver o problema

$$x - 5 = 0$$

Resolução

1 **Adicionar 5 aos dois lados**

$$x - 5 = 0$$

$$x - 5 + 5 = 0 + 5$$

2 Simplifique

Solução

$$x = 5$$

$3x + 2 = 7$

Como resolver o problema

$3x+2=7$

Resolução

1 **Subtrair 2 dos dois lados**

$$3x+2=7$$

$$3x+2-2=7-2$$

2 **Simplifique**

- Resolva a subtração
- Resolva a subtração

$$3x=5$$

3 **Dividir os dois lados pelo mesmo fator**

$$3x=5$$

$$\frac{3x}{3}=\frac{5}{3}$$

4 **Simplifique**

Solução

$$x=\frac{5}{3}$$

4x - 1 = 12

Como resolver o problema

$$4x - 1 = 12$$

Resolução

1 Adicionar 1 aos dois lados

$$4x - 1 = 12$$

$$4x - 1 + 1 = 12 + 1$$

2 Simplifique

- Calcule a soma
- Calcule a soma

$$4x = 13$$

3 Dividir os dois lados pelo mesmo fator

$$4x = 13$$

$$\frac{4x}{4} = \frac{13}{4}$$

4 Simplifique

Solução

$$x = \frac{13}{4}$$

5x - 3 = 15

Resolução

1 Adicionar 3 aos dois lados

$$5x - 3 = 15$$

$$5x - 3 + 3 = 15 + 3$$

2 Simplifique

- Calcule a soma
- Calcule a soma

$$5x = 18$$

3 Dividir os dois lados pelo mesmo fator

$$5x = 18$$

$$\frac{5x}{5} = \frac{18}{5}$$

4 Simplifique

- Cancele os termos que estão tanto no numerador quanto no denominador

$$x = \frac{18}{5}$$

Solução

$$x = \frac{18}{5}$$

$6x - 4 = 8$

Como resolver o problema

$6x - 4 = 8$

Resolução

1 Adicionar 4 aos dois lados

$$6x - 4 = 8$$

$$6x - 4 + 4 = 8 + 4$$

2 Simplifique

- Calcule a soma
- Calcule a soma

$$6x = 12$$

3 Dividir os dois lados pelo mesmo fator

$$6x = 12$$

$$\frac{6x}{6} = \frac{12}{6}$$

4 Simplifique

- Cancele os termos que estão tanto no numerador quanto no denominador
- Calcule a divisão

$$x = 2$$

Solução

$$x = 2$$

www.ingramcontent.com/pod-product-compliance
Ingram Content Group UK Ltd.
Pitfield, Milton Keynes, MK11 3LW, UK
UKHW021935200726
13853UKWH00011B/2175